Sabine Hahn

Skinfood - Nahrung für die Haut

Jugendliche und gesunde Haut durch richtige Ernährung

Bibliografische Information der Deutschen Nationalbibliothek:

Bibliografische Information der Deutschen Nationalbibliothek: Die Deutsche Bibliothek verzeichnet diese Publikation in der Deutschen Nationalbibliografie; detaillierte bibliografische Daten sind im Internet über http://dnb.d-nb.de/ abrufbar.

Copyright © 2016 Diplomica Verlag GmbH
Druck und Bindung: Books on Demand GmbH, Norderstedt Germany
ISBN: 9783956367878

http://www.diplom.de/   MIX
                              Papier aus verantwortungsvollen Quellen
                              Paper from responsible sources
FSC   FSC® C105338   uer-die-haut
www.fsc.org

Sabine Hahn

Skinfood - Nahrung für die Haut

Jugendliche und gesunde Haut durch richtige Ernährung

Diplom.de

Inhaltsverzeichnis

1.   Einleitung

Der Zusammenhang zwischen Ernährung und Haut ist ein interessantes und spannendes Thema für Wissenschaftler und Mediziner weltweit geworden. Auch die Anti-Aging-Industrie merkt zunehmend, dass die „Schönheit von innen" effektiver und nachhaltiger ist, als falsche Werbeversprechen von teuren Kosmetika.

Die Frage, ob es ausreicht, die Haut mit Produkten von außen zu pflegen oder ob eine entsprechende Ernährung auch genug oder sogar besser ist, kann und werde ich in dieser Arbeit nicht beantworten. Tatsache ist jedoch, dass eine gesunde Ernährung sowohl für die Haut, als auch für das Wohlbefinden und die Gesundheit förderlich ist. Die Haut ist ein Spiegelbild der Ernährung und des Lebensstils. Wer sich überwiegend von Fastfood, Limonaden und Schokolade ernährt, dem werden selbst die besten Kosmetikprodukte nicht gegen die Faltenbildung und Hautalterung helfen können.

Ich möchte am Beginn dieser Arbeit den Aufbau der Haut, deren Funktion und der damit verbundenen Hautalterung darstellen, als Basis für die folgenden Kapitel.

Als nächstes stelle ich die Nahrungsbestandteile dar. Es erfolgt eine übersichtsmäßige Beschreibung der Makro- und Mikronährstoffe. Kohlenhydrate, Fette und Eiweiß sowie Vitamine und Mineralstoffe werden anschließend in Bezug auf ihre „Außenwirkung" beim Menschen analysiert.

Zum Schluss findet sich eine Auswahl an besonders hautgesunden Lebensmitteln, die häufig auf dem Speiseplan stehen sollten um Schönheit und Attraktivität der Haut möglichst lange zu erhalten.

2. Die Haut – unser größtes Organ

2.1. Definition

Die Haut ist ein Flächenorgan, das die Abgrenzung des Organismus gegenüber der Außen-
welt bildet. Mit einer Oberfläche von fast zwei Quadratmetern ist unsere Haut so groß wie
ein Tischtuch und macht etwa 15 % unseres Körpergewichts aus. Sie schützt den menschlichen Körper vor pathologischen Keimen, vor Sonnenlicht oder vor Austrocknung. Der Zustand der Haut trägt ganz entscheidend zu unserem Aussehen bei.[1]

2.2. Aufbau der Haut

Äußerlich betrachtet stellt die Haut eine mehr oder weniger behaarte Fläche dar. An einigen
Stellen gibt es Falten, trockene Stellen oder es schimmern Adern durch. Interessant und
wichtig ist aber auch jener Teil der Haut, den man auf den ersten Blick nicht sieht. Unsere
Haut besteht aus folgenden drei Schichten:

- der äußeren **Epidermis** (Oberhaut),
- der bindegewebereichen **Dermis** (Corium oder Lederhaut) und
- der subkutanen **Bindegewebe- und Fettschicht** (Subcutis oder Lederhaut).

2.2.1. Die Epidermis

Die Epidermis besteht zum größten Teil aus Hornzellen (Keratinozyten). Daneben findet man
auch pigmentbildende Zellen (Melanozyten) und Abwehrzellen der Haut.[2] Die Epidermis ist
eine teilweise verhornte Schicht, die an den Hand- und vor allem an den Fußsohlen recht
dick und derb werden kann.[3] Die Oberhaut setzt sich aus fünf Schichten zusammen:

Die oberen drei Zellschichten bestehen aus verhornten, abgestorbenen Zellen. In der *Körner-
schicht* wird eine Vorstufe der Hornsubstanz Keratin, das Keratohyalin, hergestellt. Diese

---

[1] http://flexikon.doccheck.com/de/Haut, dl. 06.11.2015
[2] Axt-Gadermann/Axt, Skinfood – Schlemm dich schön, 2011, S. 20

Substanz breitet sich in der darüber liegenden *Glanzschicht* in Form einer fettähnlichen Masse aus. Aus dieser Schicht schieben sich die verhornten Zellen weiter auf die oberste Ebene, die *Hornschicht*. Dort werden die Zellen fortlaufend abgestoßen. So "häutet" sich der Mensch etwa alle 27 Tage.

Die *Stachelzellschicht* und die *Basalschicht* bestehen aus lebenden Zellen. Sie sorgen praktisch immer für den Nachschub für die drei oberen Hautschichten, in denen Hautzellen abgestoßen werden. Beim Verschluss von Wunden werden, ausgehend von der Basalschicht der gesunden Haut, neue Hautzellen gebildet und wandern langsam über die heilende Wunde.[4]

Der Zustand der Oberhaut entscheidet darüber, ob unsere Haut zart und rosig oder fahl und fleckig aussieht. Die obere Hautschicht wird mit den Jahren immer dünner, die regelmäßige Anordnung der Hornzellen geht verloren. Etwa ab dem 30. Lebensjahr treten vermehrt Hyperpigmentierungen (Altersflecken) auf, auch die Hautbräunung wird unregelmäßig. Schuld daran ist eine vermehrte Produktion und unregelmäßige Ablagerung von Hautpigmenten.[5]

2.2.2. Die Dermis

Die Lederhaut ist eine elastische Hautschicht, die einen hohen Anteil locker verwobenes Bindegewebe enthält. Sie ist in ihrem Aufbau ebenfalls in Schichten unterteilt und zwar in

- Stratum papillare oder *Zapfenschicht* und
- Stratum reticulare oder *Netzschicht*.

Die Papillen der Zapfenschicht sind fest mit der darüber liegenden Basalschicht der Epidermis verbunden. Sie sind durchzogen von feinen Blutgefäßen, den Kapillaren, die die Epidermis mit Nährstoffen versorgen. Auch die Lymphgefäße beginnen hier, in den Lymphgefäßen sammelt sich die Lymphe. Steigt der Kapillardruck der Blutgefäße, so erhöht sich

---

[3] Oberbeil, Ernährung für die Schönheit, 1998, S. 14
[4] http://www.medizinfo.de/wundmanagement/haut.htm, dl. 06.11.2015
[5] Axt-Gadermann/Axt, Skinfood – Schlemm dich schön, 2011, S. 20

auch die Lymphzufuhr. Die Lymphe wird im Lymphsystem gesammelt und in den Lymph-knoten wieder in das Blutsystem eingebracht.

In der Zapfenschicht befinden sich ebenfalls die Rezeptoren für Wärme und Kälte und den Tastsinn. Im freien Bindegewebe sind auch noch eine Anzahl von Blut- und anderen Zellen, unter anderem Fibroblasten, Makrophagen, Mastzellen, Lymphozyten, Plasmazellen, Granulozyten und Monozyten zu finden.

Die Netzschicht enthält ein dichtes Netz aus Kollagenfasern parallel zur Körperoberfläche, welches mit elastischem Bindegewebe gefüllt ist. Zusammen bewirkt diese Konstruktion die Festigkeit und die Elastizität der Haut. Dabei richten sich Bindegewebe und Kollagenfasern auf charakteristische Weise in bestimmte Richtungen aus. Es ergeben sich die sogenannten Langerschen Spaltlinien, die die Richtung der geringsten Dehnbarkeit der Haut markieren.

Zusätzlich sind in der Lederhaut noch Haarbläschen, Schweiß-, Duft- und Talgdrüsen ent-halten.

2.2.3. Die Unterhaut

Unter der Dermis liegt die Subkutis oder Unterhautschicht. Durchzogen wird diese Haut-schicht von Ausläufern der festen Fasern der Lederhaut, welche fest mit der unter der Subkutis liegenden Körperfaszie verbunden sind. So haben sie die Funktion von Halte-bändern. Je nachdem, wie stark diese Haltebänder entwickelt sind, lässt sich die Haut auf ihrer "Unterlage" verschieben, z. B. auf dem Handrücken, oder nicht, z. B. unter der Fuß-sohle.[6] In der Unterhaut wird wenig Bindegewebe produziert, dafür aber viel Fett eingebaut, das die Haut ebenfalls braucht (z. B. als Schutz vor Kälte). Frauen sind dabei biologisch be-dingt mit mehr Fettgewebe ausgestattet als Männer. An manchen Körperstellen ist die Unterhaut mit mehreren Zentimetern Fettschichten aufgebaut (z. B. Bauch) und andere Stellen mit äußerst geringem Fettanteil (z. B. Augenlid).[7]

---

[6] http://www.medizinfo.de/wundmanagement/haut.htm, dl. 06.11.2015
[7] Oberbeil, Ernährung für die Schönheit, 1998, S. 15

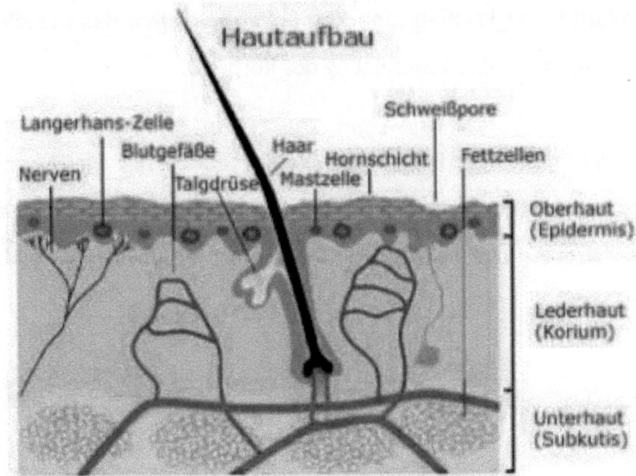

Abbildung 1: Aufbau der Haut[8]

2.3. Aufgaben der Haut

Die Haut ist ein lebenswichtiges Organ, ohne sie wäre der menschliche Körper nahezu schutzlos. Fasst man alle Aufgaben zusammen, so bietet die Haut insbesondere Schutz:

- Schutz vor Kälte, Hitze und Strahlung

- Schutz gegenüber Druck, Stößen und Reibung

- Schutz bei chemischen Schädigungen

- Schutz vor dem Eindringen von Mikroorganismen

- Schutz vor dem Verlust von Wasser und Wärme.[9]

- Wärmeregulierung (Wärmeabgabe je nach Hautdurchblutung, Schwitzen, Gänsehaut)

- Energiereserve in Form von in der Haut gespeicherten Fettes

- Sinneswahrnehmungen der Sensibilität

- Synthese von Vitamin D unter UV-Strahlung[10]

Durch ihren Säureschutzmantel wirkt die Haut aktiv gegen das Eindringen fremder Keime. Sie hat die Möglichkeit, bestimmte Wirkstoffe zu resorbieren und unterstützt durch ihre

---

[8] Abb.1: http://www.netdoktor.de/Gesund-Leben/Anatomie/Haut-Aufbau-und-Funktion-3531.html, dl. 06.11.2015
[9] http://www.medizinfo.de/wundmanagement/haut.htm#aufgaben, dl. 06.11.2015

Durchblutung die Regulation von Kreislauf und Körperwärme. Durch das Ausscheiden von Schweiß verhindert die Haut auch eine Überhitzung des Körpers.

Ganz wichtig ist auch die Funktion der Haut als das größte Sinnesorgan des Menschen. Wir nehmen über die Haut Vibration und Schmerz wahr. Wir können tasten und empfinden Druck- und Temperaturreize. Für alle diese Empfindungen gibt es Fühler, sogenannte Rezeptoren in unserer Haut.

Die Haut ist auch Teil unseres Gefühlsempfindens: Erröten, erblassen und die Haare sträuben, auch das kann die Haut. Über Duftstoffe, die Pheromone, sendet die Haut außerdem Geruchsbotschaften.

Wird die Haut verletzt, so ist der Körper bestrebt, den verlorengegangenen Schutz so schnell wie möglich wieder herzustellen. Das Reparaturteam besteht aus vielen Zellen, die zum Teil vor Ort (in der Haut) und zum Teil von außerhalb (über das Blut) kommen und am Ort des Geschehens zusammenarbeiten.[11]

2.4. Hautanhangsgebilde

Unter Hautanhangsgebilde versteht man aus wissenschaftlicher Sicht **Haare** und **Nägel**, aber auch Hautdrüsen wie **Talg-, Schweiß-** und **Milchdrüsen.** Es sind dies spezialisierte Gewebestrukturen, die sich aus den Epithelzellen der Dermis sowie Epidermis entwickeln. Sie stehen mit der Haut in enger Verbindung, besitzen aber eine morphologische und funktionelle Eigenständigkeit.[12] Im Bereich der Hautanhangsgebilde möchte ich in dieser Arbeit nur auf Haare und Nägel eingehen.

2.4.1.   Haare

Unsere Haare bestehen grob eingeteilt aus einem inneren Markkanal, einer mittleren Faserschicht und der äußeren transparenten Schuppenschicht. Für die Elastizität und Festigkeit ist

---

[10] http://flexikon.doccheck.com/de/Haut, dl. 06.11.2015
[11] http://www.netdoktor.de/Gesund-Leben/Anatomie/Haut-Aufbau-und-Funktion-3531.html, dl. 06.11.2015

die seilartige Struktur der Faserschicht verantwortlich, in der man auch das Melanin, das die Farbe unserer Haare bestimmt, findet. Der Glanz entsteht durch Lichtreflexe an der äußersten Schicht, wenn diese nicht geschädigt ist.

Eine gesunde Haarpracht besteht aus 80.000 bis 120.000 Haaren. Die haarproduzierenden Zellen des Haarbodens gehören zu den aktivsten Zellen des menschlichen Körpers, Haare wachsen in zehn Tagen rund drei Millimeter. Es ist auch normal Haare zu verlieren, im Schnitt sind es ca. 100 Haare am Tag. Die durchschnittliche Lebensdauer eines Haares beträgt ein bis fünf Jahre. Und ob jemand glattes, gewelltes oder gelocktes Haar hat, darüber entscheidet die Form der Haarfollikel.[13]

Die Aufgaben der (Körper-)Behaarung bestehen darin, dem Menschen einen Wärmeschutz zu geben. Weiters absorbieren sie UV-Strahlung und Infrarotlicht und schützen somit auch vor schädlichen Einflüssen des Sonnenlichtes. Weitere Aufgaben der Haare wie etwa Tarnung, Feuchtigkeitsschutz, Drohfunktion oder Verbreitung von körpereigenen Duftstoffen sind durch die Weiterentwicklung des Menschen nicht mehr relevant und nur mehr in der Tierwelt anzutreffen.[14]

2.4.2.   Nägel

Anatomisch gesehen handelt es sich bei Nägeln um harte, verhornte Zellen der Oberhaut, die ganz dicht aneinander liegen. Die Nagelsubstanz ist eine etwa einen halben Millimeter dicke Hornhautplatte, bestehend aus dachziegelartig angeordneten Hornschuppen. Man unterscheidet am Nagel im Einzelnen:

- Nagelwall
- Nagelwurzel
- Nagelkörper
- Nagelbett[15]

---

[12] http://flexikon.doccheck.com/de/Hautanhangsgebilde, dl. 06.11.2015
[13] Oberbeil, Ernährung für die Schönheit, 1998, S. 77 ff
[14] https://de.wikipedia.org/wiki/Haar, dl. 06.11.2015
[15] http://flexikon.doccheck.com/de/Nagel, dl. 06.11.2015

Der Nagel wächst aus dem Nagelbett heraus, welches unterhalb der Nagelwurzel liegt. Der weiße, wie ein Halbmond geformte Bereich des Nagels wird Lunula oder Nagelmond genannt. Er erscheint weiß, weil das normalerweise durchscheinende Nagelbett von der Nagelmatrix verdeckt ist.

Der distale Teil des Nagelbetts schimmert als hellrosa gefärbte Struktur durch den Nagel hindurch und setzt sich in das sogenannte Hyponichium fort. Der wachsende Nagel wird über dem Hyponichium vorgeschoben. In der Woche wächst ein Nagel ungefähr 0,5 bis 1 Millimeter. Ein verlorener Fingernagel braucht etwa drei Monate, um wieder nachzuwachsen. Im Alter oder bei Durchblutungsstörungen ist das Nagelwachstum verlangsamt oder gänzlich eingestellt.

Der Nagel selbst bietet den Fingerkuppen einen gewissen Schutz vor Verletzungen. Außerdem erleichtern die Nägel das Greifen und den Umgang mit kleinen Gegenständen.[16]

2.5. Hautalterung

Wie alt wir aussehen, hängt in erster Linie von unserer Haut ab. Die Haut ist nicht nur unser Schutzschild vor den Gefahren der Umwelt und bildet die äußere Hülle unseres Körpers, sie verrät auch unserem Gegenüber unser ungefähres Alter. Die meisten Menschen möchten sich ein jugendliches Aussehen bewahren. So soll durch verschiedene Maßnahmen der natürliche Alterungsprozess der Haut angehalten oder zumindest verlangsamt werden, notfalls sogar durch chirurgische Eingriffe.

2.5.1. Phasen der Hautalterung

Ab Geburt altert unsere Haut und durchläuft dabei verschiedene Phasen. Die Haut junger Menschen ist in der Regel elastisch, frisch und verfügt über ein straffes Bindegewebe. Dadurch entsteht das sprichwörtliche jugendliche Aussehen. Die Haut alter Menschen ist dünner und weist weniger Fett sowie einen geringeren Anteil des hautstraffenden Eiweißes Kollagen auf. Durch ein schlaffes Bindegewebe verliert die Haut ihre Spannkraft, der

---

[16] http://www.medizinfo.de/hautundhaar/nagel/nagelaufbau.htm, dl. 06.11.2015

geringere Fettanteil sorgt für Austrocknung. Alle diese Begleiterscheinungen der Hautalterung lassen die Haut älter erscheinen.

Bei manchen Menschen beginnt bereits mit Mitte 20 der natürliche Alterungsprozess der
Haut, der durch innere Faktoren gesteuert wird. Bei Frauen beginnt die Alterung im Durch-
schnitt ca. zehn Jahre früher als bei Männern. Dafür schreitet die männliche Hautalterung
schneller voran.

Bei manchen Menschen verlangsamt sich bereits ab 25 Jahren die Zellteilung. Die Oberhaut
wird infolgedessen dünner und beginnt, ihre Elastizität zu verlieren.

Ab 30 können sich zwischen den Augen können sogenannte Glabellafalten bilden, die durch
unsere Mimik hervorgerufen werden. Auch erste Nasolabialfalten (Falten zwischen Nase und
Oberlippe) können entstehen. Außerdem bilden sich am Rande der Augen „Krähenfüße" als
erstes sichtbare Zeichen der Hautalterung.

Im Alter von 40 Jahren und später kommen dann sogenannte „Knitterfältchen", kleine
Falten, die den Betroffenen ein zerknittertes Aussehen verleihen, dazu. Andere, bereits
vorhandene Falten vertiefen sich und die Haut beginnt, stark an Feuchtigkeit zu verlieren.
Bei Frauen hinterlässt die Menopause - das Ende der Menstruation - ihre Spuren. Die
Produktion des Hormons Östrogen geht zurück, und das hat vielerlei Folgen: Unter anderem
wird die Haut dünner und empfindlicher.

Die Hautspannung lässt mit fortschreitendem Alter weiter nach. Es bilden sich Altersflecken,
bei denen sich der Hautfarbstoff Melanin an einer Stelle sammelt und so dunkle Flecken entstehen lässt.[17]

2.5.2.   Entzündungen und Hautalterung

Beim Begriff „Entzündungen" denkt man in erster Linie an Rötung, Brennen, Schmerzen und
Schwellungen, wie sie z. B. bei Sportverletzungen, Insektenstichen oder Sonnenbrand auf-

---

[17] http://www.yaacool-beauty.de/index.php?article=252, dl. 14.11.2015

treten. Es gibt aber auch sogenannte „subklinische" chronische Entzündungen, die in einem engen Zusammenhang mit vorzeitiger Alterung und Faltenbildung stehen. Diese Entzündungen verursachen keine wahrnehmbaren Beschwerden, man kann sie nur unter dem Mikroskop erkennen. Im Laufe der Zeit wirken sich diese Schwelbrände im Gewebe jedoch fatal auf den Hautzustand aus, die Haut wird schlaff und die Elastizität geht verloren.

Arachidonsäure, freie Radikale und Glykierung sind verantwortlich für diese unterschwelligen Entzündungen.[18] Die Arachidonsäure ist eine mehrfach ungesättigte Fettsäure, die als Bestandteil von Fetten in zahlreichen Lebensmitteln, z. B. in Fleisch oder anderen tierischen Lebensmitteln, enthalten ist. Sie kann durch bestimmte Stoffwechselvorgänge im menschlichen Körper selbst synthetisiert werden.[19] Freie Radikale entstehen im Körper durch Überlastung der Verbrennungsprozesse in Mitochondrien oder durch physikalische oder chemische Einflüsse von außen, z. B. UV-Licht, Rauchen und falsche Ernährung.[20] Auch Zucker und andere schnell verwertbare Kohlenhydrate lassen die Haut ledrig und das Bindegewebe steif und unelastisch werden, denn auch sie führen zu Entzündungen im Körper. Diesen Prozess nennt man Glykierung oder Glykation.[21]

Mit Hilfe von Antioxidantien, die zum größten Teil über pflanzliche Nahrung aufgenommen werden, kann sich der menschliche Organismus und insbesondere die Haut vor den schädlichen Einflüssen durch oxidative Prozesse schützen. Vor allem die Gruppe der Karotinoide hat sich in der endogenen Photoprotektion und in der Prävention von Falten als wirkungsvoll erwiesen.[22] Sehr gut erforscht ist weiters auch Lycopin als Beispiel für mit Nahrung aufgenommene Substanz mit positiver Auswirkung auf die Gesundheit der Haut.[23]

Fazit ist, dass Hautalterung Folge einer fortgeschrittenen Hautentzündung ist, die wir durch unsere „übliche" Ernährung und unseren Lebensstil häufig fördern und der wir durch entzündungshemmende Nahrungsmittel und Gewürze positiv entgegenwirken können.

---

[18] Axt-Gadermann/Axt, Skinfood – Schlemm dich schön, 2011, S. 13 ff
[19] http://www.enzyklo.de/Begriff/Arachidons%C3%A4ure, dl. 14.11.2015
[20] http://flexikon.doccheck.com/de/Freie_Radikale, dl. 14.11.2015
[21] Axt-Gadermann/Axt, Skinfood – Schlemm dich schön, 2011, S. 18
[22] Axt-Gadermann/Fisching, Attraktivität als Motivationsfaktor für gesundheitsförderliches Verhalten, in Prävention und Gesundheitsförderung, 02/2012, S. 18-23
[23] Marini, Schönheit von innen – Funktioniert das wirklich?, in Der Hautarzt, 08/2011, S. 614-617

3. Ernährung als Skinfood – Einfluss der Ernährung auf die Hautalterung

Die Haut und ihre Funktion sowie das Aussehen hängen, wie alle Stoffwechselprozesse im Körper, von einer ausreichenden Versorgung mit essenziellen Nahrungsbestandteilen ab. Unter diesem Aspekt werden auch immer mehr Lebensmittel und deren Inhaltsstoffe auf die entsprechende Wirkung auf unser Aussehen betrachtet. Zuerst möchte ich in diesem Kapitel die einzelnen Nahrungsbestandteile darstellen und anschließend auf einzelne Nahrungsmittel detaillierter eingehen.

3.1. *Einteilung der Bestandteile der Nahrung*[24]

Im Verdauungstrakt wird unsere Nahrung in energieliefernde und nicht energieliefernde Bestandteile aufgespalten. Die energieliefernden Bestandteile sind die Baustoffe, aus denen der Körper aufgebaut ist. Das sind:

   a) **Makronährstoffe**: **Kohlenhydrate**, **Fette** (Lipide), **Eiweiß** (Protein) und Alkohol

Die nicht energieliefernden Stoffe sind die:

   b) **Mikronährstoffe: Mineralstoffe und Vitamine** und

   c) **Wasser.**

Außerdem gibt es antinutritive Inhaltsstoffe, wie Schadstoffe (z. B. aus der Umwelt) und Zusatzstoffe, die dem Lebensmittel bewusst zugesetzt werden.

3.1.1.   Kohlenhydrate

Die Bildung von Kohlenhydraten findet in der Pflanze statt, durch den Vorgang der Photosynthese. Wir können sie in Form von Stärke und verschiedenen Zuckerarten, die in Getreide, Obst, Kartoffeln, Zuckerrohr und Zuckerrübe (Honig) vorhanden ist, zu uns

---

[24] Testa, Nährstoffkunde – Makronährstoffe – Verdauungsweg/Stoffwechsel, 2013, S. 9 ff

nehmen. Mindestens 50 - 60 % des täglichen Energiebedarfs sollten aus Kohlenhydraten bestehen, das entspricht ca. 250 – 350 g Kohlenhydrate.

<u>Die Arten der Kohlenhydrate:</u>

Monosaccharide oder Einfachzucker (Glucose, Fructose, Galaktose).

Disaccharide oder Zweifachzucker (Saccharose, Maltose, Laktose).

Polysaccharide oder Vielfachzucker (verwertbare Polysaccharide: Stärke, Dextrine, Glykogen; nicht verwertbare Polysaccharide = Ballaststoffe: Zellulose, Pektine, Inulin, β-Glucane.

1 Gramm Kohlenhydrate liefert 4 kcal = 17 kJ. Für die gesunde Ernährung wird empfohlen überwiegend Mehrfachzucker aus Getreide (Vollkorn), Kartoffeln und Hülsenfrüchte zu konsumieren. Mindestens 30 g Ballaststoffe pro Tag haben einen positiven Einfluss auf die Verdauung. Zu viele Kohlenhydrate werden in Form von Fettreserven gespeichert.

3.1.2. Fette

Fette sind ein wichtiger Geschmacksträger in unserer Ernährung, außerdem sind sie Energiequelle, Reservestoff und Träger aller fettlöslichen Vitamine. Zudem erfüllen sie wichtige Funktionen in der Zellmembrane. Zu viel aufgenommene Fette werden im Körper als Depotfett gespeichert. Tierische Fette können bei zu hohem Konsum zu den bekannten Zivilisationskrankheiten wie Bluthochdruck, Arteriosklerose, Diabetes, Gicht etc. führen. Einfache Lipide können nach unterschiedlichen Kriterien eingeteilt werden:

<u>Nach der Anzahl der C-Atome:</u>

Kurzkettige Fettsäuren (z. B. Buttersäure)

Mittelkettige Fettsäuren (z. B. Kokosöl, Palmkernöl)

Langkettige Fettsäuren (z. B. Palmitinsäure in Schweineschmalz, Stearinsäure)

<u>Nach der Anzahl der Doppelbindungen:</u>

Gesättigte Fettsäuren (z. B. in tierischen Fetten wie Butter, Schmalz, fettes Fleisch, Kokosöl)

Einfach ungesättigte Fettsäuren (z. B. Ölsäure in Olivenöl)

Mehrfach ungesättigte Fettsäuren (z. B. Linolsäure = Omega-6-Fettsäure, Linolensäure = Omega-3-Fettsäure)

Omega-6- und Omega-3-Fettsäuren sind essenziell und müssen dem Körper mit der Nahrung zugeführt werden. Fettbegleitstoffe (Sterine) kommen gemeinsam mit den Fetten vor, z. B. Cholesterin. Man unterscheidet das „schlechte" LDL (Low-Densitiy-Lipoprotein) und das „gute" HDL (High-Density-Lipoprotein). Der Cholesterinspiegel wird durch die Fettmenge und die Fettsäurezusammensetzung beeinflusst.

1 Gramm Fett liefert 9 kcal = 39 kJ. Der durchschnittliche Tagesbedarf eines Erwachsenen an Fett beträgt max. 30 % der Gesamtenergiezufuhr. Es wird aus gesundheitlichen Gründen empfohlen mehr ungesättigte, unraffinierte pflanzliche Fette zu konsumieren und weniger gesättigte tierische Fette sowie gehärtete Fette. Die optimale Fettsäurezusammensetzung besteht aus 1/3 gesättigte, 1/3 einfach ungesättigte und 1/3 mehrfach ungesättigte Fett-säuren (1/3-Regel). Das Verhältnis von Omega-6- zu Omega-3-Fettsäuren sollte 5 : 1 betragen.

3.1.3.   Eiweiß

Sie sind die eigentlichen Bestandteile jeder Körperzelle. Diese Zellsubstanz wird im lebenden Organismus ununterbrochen erneuert. Die Bausteine der Eiweißstoffe heißen **Aminosäuren**. Von den 20 verschiedenen Aminosäuren sind 8 essenziell, d. h. diese kann der Körper nicht selbst aufbauen und müssen daher durch die Nahrung zugeführt werden.

Eiweißstoffe können aufgrund ihrer räumlichen Anordnung unterschieden werden:
Globuläre Proteine (z. B. Albumine, Globuline, Prolamin)
Fibrilläre Proteine (z. B. Actin, Myosin, Keratin, Elastine, Kollagene)
Weiters gibt es *Proteide* (z. B. Protein + Phosphorsäure = Phosphoprotein, Protein + Lipide = Lipoprotein = HDL/LDL Cholesterin).

1 Gramm Eiweiß liefert 4 kcal = 17k J. Der durchschnittliche Tagesbedarf an Eiweiß eines Erwachsenen beträgt 0,8 g/kg Körpergewicht und sollte ca. 10 % der täglichen Gesamtener-

giezufuhr betragen. Die Aufteilung des Eiweißbedarfs sollte zur Hälfte jeweils aus tierischen und pflanzlichen Produkten bestehen. Die biologische Wertigkeit von Eiweiß kann durch gute Kombination von Nahrungsmitteln erhöht werden.

3.1.4.   Mineralstoffe[25]

Lange Zeit galt das Hauptinteresse nur den Makronährstoffen. Erst in den letzten Jahren wurde die enorme Bedeutung der Mineralstoffe bekannt. Diese anorganischen Nahrungs-bestandteile sind hauptsächlich in Gemüse, Obst und Getreide enthalten.

Man unterscheidet sie nach ihrem Mengenvorkommen:

Mengenelemente: in größeren Mengen vorkommende Mineralstoffe z. B. Kalzium als Bau-stoff für Knochen und Zähne.

Spurenelemente: sind Wirkstoffe, die als Spuren zur Regelung von Stoffwechselvorgängen in den Zellen benötigt werden, z. B. Zink.

3.1.5.   Vitamine

Vitamine sind organische Verbindungen, die vorwiegend in Pflanzen gebildet werden. Sie sind für den Körper in kleinsten Mengen wertvoll und nicht selbst herstellbar (essenziell). Da nur einige im Körper gespeichert werden können, müssen wir sie mit der Nahrung täglich zuführen. Sie sind zwar keine Energielieferanten, aber für den Ablauf der Stoffwechsel-vorgänge im Körper unverzichtbar.

Die Einteilung der Vitamine erfolgt in:

Fettlösliche: Vitamine A, D, E, K

Wasserlöslich: B-Vitamine, Vitamin C

3.1.1.   Wasser[26]

Das Lebenselement Wasser möchte ich nicht unerwähnt lassen, da es für unseren Stoff-wechsel unerlässlich ist (essenziell). Der Körper benötigt das Element Wasser mit all seinen

---

[25] Gemassmer, Mikronährstoffe, 2013, S 2 ff

Mineralstoffen als Baustoff, Lösungsmittel, Transportmittel und zur Wärmeregulierung. Es sollten täglich mindestens 1,5 bis 2 Liter Wasser (und energiearme Getränke) über den Tag verteilt getrunken werden.

3.2.   *Vitamine und Mineralstoffe für die Haut*

Für ein gesundes Aussehen benötigt die Haut eine ausgewogene und abwechslungsreiche Ernährung, damit auch eine ausreichende Versorgung mit Mikronährstoffen sichergestellt ist. Vitamin- und Mineralstoffmangel lässt die Haut schnell fahl und glanzlos erscheinen. Auch die Anhangsorgane Haare, Nägel, Schweiß- und Talgdrüsen sind davon betroffen. Folgende Vitamine und Mineralstoffe erhalten die Haut jung:

3.2.1.   Vitamin A

Vitamin A ist ein Schutzschild für die gesamte Haut und beeinflusst dort die Funktion der Zellen des Immunsystems. Vitamin-A-Mangel zeigt sich durch trockene Haut mit braunen Flecken und verstärkten Schweiß- und Talgdrüsenabsonderungen. Auch die Vorstufe des Vitamin A, das Provitamin A, ist für Haut und Haare notwendig, insbesondere wenn es um die Schutzwirkung vor UV-Strahlung geht (Sonnenbrand-Schutz). Hierzu sind jedoch größere Einnahmedosen notwendig (20 mg/Tag für 12 Wochen).[27]

Vitamin A ist für die normale Entwicklung von Geweben, insbesondere der Zellerneuerung und Wundheilung der Haut notwendig. Weiters wirkt es regulierend auf übermäßige Ver-hornungen und hat einen positiven Einfluss auf Zellteilung und Regeneration der Haut.[28]

Der Tagesbedarf an Vitamin A (ca. 1 mg) ist in folgenden Lebensmitteln enthalten:[29]

Lebensmittel	Gramm
Schweineleber	3
Leberwurst	12
Trockenaprikosen	17
frische Karotten	67

---

[26] Testa, Nährstoffkunde – Makronährstoffe – Verdauungsweg/Stoffwechsel, 2013, S. 35
[27] http://www.phytodoc.de/gesund-leben/gesunde-haut-haare/, dl. 20.02.2016
[28] Axt-Gadermann/Axt, Skinfood – Schlemm dich schön, 2011, S. 173
[29] http://www.phytodoc.de/gesund-leben/gesunde-haut-haare/, dl. 20.02.2016

Aal	102
Eigelb	113
Grünkohl	116
Spinat	125
Honigmelone	128
Feldsalat	153

Tabelle 1: Tagesbedarf an Vitamin A (1 mg)[30]

3.2.2.   Vitamin B$_1$ (Thiamin)

Vitamin B$_1$ hat zunächst keinen direkten Bezug zur Haut. Es ist jedoch wichtig für den Zucker-stoffwechsel – es beschleunigt die Verarbeitung von Glukose und senkt den Blutzucker-spiegel - und hat somit indirekten Einfluss auf die Hautalterung.[31] Bei Hautschuppen und Haarausfall kann eine Vitamin-B$_1$-Einnahme helfen. Der Tagesbedarf an Vitamin B$_1$ (ca. 1 mg) ist in folgenden Lebensmitteln enthalten:[32]

Lebensmittel	Gramm
Edelhefe	3
Bierhefe	8
Weizenkeime	25
Weizenkeimlingen	50
Sonnenblumenkerne	53
Roggenkeimlinge	67
Bäckerhefe	71
Schweinefilet	100
Erdnüsse	111
Sesamsamen	127
Weizenkleie	154
Haferflocken	169

Tabelle 2: Tagesbedarf an Vitamin B$_1$ (1 mg)[33]

---

[30] http://www.phytodoc.de/gesund-leben/gesunde-haut-haare/, dl. 20.02.2016
[31] Axt-Gadermann/Axt, Skinfood – Schlemm dich schön, 2011, S. 175
[32] http://www.phytodoc.de/gesund-leben/gesunde-haut-haare/, dl. 20.02.2016
[33] http://www.phytodoc.de/gesund-leben/gesunde-haut-haare/, dl. 20.02.2016

3.2.3. Vitamin B₂ (Riboflavin)

Vitamin B_2 hilft beim Aufbau von Haut und Schleimhäuten. Bereits ein leichter Vitamin B_2-Mangel führt zu glanzlosen und brüchigen Fingernägeln und Hautveränderungen.[34] Auch eine vermehrte Verhornung und Schuppung in der Nasolabialfalte sowie eingerissene Mundwinkel können auf einen Vitamin-B_2-Mangel hinweisen. Hefe, Innereien, getrocknete Steinpilze und Eierschwammerl sowie Weizenkeimlinge enthalten viel Vitamin B_2.

3.2.4. Vitamin B₃ (Niacin)

Bei einem Vitamin-B_3-Mangel können an sonnenexponierten Körperstellen Rötungen und Schuppungen auftreten; auch aufgesprungene Lippen sind ein Zeichen für Niacin-Mangel. Vitamin B_3 ist wichtig für die Abwehr Freier Radikale. Es ist vor allem in Kalbsleber, Erdnüssen, Thunfisch und Hühnerfleisch enthalten.

3.2.5. Vitamin B₆ (Pyridoxin)

Vitamin B_6 beeinflusst die Quervernetzung des Bindegewebes und die Hautelastizität. Auf der Haut äußert sich ein Vitamin-B_6-Mangel als juckende bis brennende und teilweise schuppende rötliche Hautentzündung über dem Mund, Nase oder Auge mit einer verstärkten Absonderung der Talgdrüsen. Auch Lippenentzündungen und eingerissene Mundwinkel können auf einen Vitamin-B_6-Mangel hinweisen. Fisch, Hühnerfleisch, Hülsenfrüchte, Vollkornreis, Kartoffeln und Erdnüsse enthalten Vitamin B_6.

3.2.6. Vitamin B₁₂ (Cobalamin)

Eine ausreichende Versorgung von Vitamin B_{12} ist für alle Körperzellen, die sich schnell teilen, z. B. die Hautzellen, wichtig. Wie bei einem Vitamin B_6-Mangel ist bei zu wenig Cobalamin eine Hautentzündung mit verstärkter Absonderung der Talgdrüsen (seborrhoische Dermatitis) zu beobachten. Auch eine Hyperpigmentierung ist bei einem Mangel möglich. Eine Überdosis der beiden Vitamine führt zu akneähnlichen Hautveränderungen.

---

[34] http://www.phytodoc.de/gesund-leben/gesunde-haut-haare/, dl. 20.02.2016

Vitamin B$_{12}$ kommt fast ausschließlich in tierischen Produkten vor. Veganer sollten daher auf eine ausreichende Versorgung, notfalls mit Supplementen, sorgen.[35]

3.2.7. Vitamin B$_7$ (Biotin)

Falls ein Mangel an diesem Vitamin auftritt, kann dies zu Hautentzündungen (Dermatitis) führen. Der Grund dafür kann sein, dass Biotin beim Wachstum, Erhalt sowie dem Stoffwechsel von Talgdrüsen, Haut und Haar mitwirkt. Daher ist es für deren gesunde Funktion wichtig. Es hilft auch beim Aufbau von Keratin, einem schwefelhaltigen Eiweißkörper der Haut und ihrer Anhangsorgane, der ihnen Form und Festigkeit verleiht. Viel davon befindet sich in Innereien, Hefe, getrockneten Steinpilzen und Eierschwammerl, Sojabohnen, Hühnereigelb, Weizenkleie, Wal- und Erdnüssen.

3.2.8. Vitamin B$_5$ (Pantothensäure)

Vitamin B$_5$ ist für die Funktion der Haut und Schleimhäute sowie das Wachstum und die Pigmentierung der Haare wichtig. Es fördert die Wundheilung und hilft mit, den Alterungsprozess der Haut durch eine optimale Nährstoffversorgung der Hautzellen hinauszuzögern. Außerdem kann Vitamin B$_5$ durch seine Wasserbindungsfähigkeit die Alterserscheinungen der Haut vermeiden.

Ein ernährungsbedingter Mangel ist selten und als Ursache kommt in der Regel nur eine Erkrankung, insbesondere mit Antibiotikagabe vor. Die Quellen sind nahezu identisch mit denen von Biotin.

3.2.9. Vitamin B$_9$ (Folsäure)

Diesem Vitamin sagt man verjüngende Eigenschaften nach. Es gehört zu den Mangelvitaminen, da ein Großteil der Bevölkerung damit unterversorgt ist. Die B-Vitamine allgemein, allen voran Vitamin B$_2$, B$_6$, B$_{12}$ und Folsäure helfen der Haut sich zu regenerieren.

---

[35] Axt-Gadermann/Axt, Skinfood – Schlemm dich schön, 2011, S. 176 f

Der Tagesbedarf an Folsäure beträgt 400 µg und ist in den angeführten Mengen der in Tabelle 4 genannten Lebensmittel enthalten:[36]

Lebensmittel	Gramm
Bierhefe	13
Bäckerhefe	43
Rinderleber	68
Weizenkeimlinge	77
Mungbohnen	82
Kichererbsen	118
Kalbsleber	167
Weizenkleie	205
Grünkohl	214
Erdnüsse	237

Tabelle 3: Tagesbedarf an Folsäure (400 µg)[37]

3.2.10. Vitamin C

Wer eine gesunde, gut gepolsterte und möglichst faltenfreie Haut haben möchte, muss den Kollagenabbau stoppen und Aufbauphasen im Bindegewebe aktiv unterstützen. Stress, Belastung, Freie Radikale, schlechte Durchblutung und Nährstoffversorgung schwächen das Bindegewebe. Vitamin C ist für den Bindegewebsstoffwechsel sehr wichtig. Je weniger Vitamin C im Blut, desto schwächer wird unser Bindegewebe und es wird Kollagen abgebaut. Welkes Gewebe unter den Augen, an Hals oder Brust entsteht oft durch einen Vitamin-C-Mangel. Dem entgegenwirken kann mehrmals täglich frisches Obst, viel Gemüse und Kartoffeln. Rauchen und Stress verursacht einen erhöhten Vitamin-C-Bedarf, hier ist ein Ausgleich mit Askorbinsäure überlegenswert.[38]

---

[36] www.phytodoc.de/gesund-leben/gesunde-haut-haare/, dl. 21.02.2016
[37] www.phytodoc.de/gesund-leben/gesunde-haut-haare/, dl. 21.02.2016
[38] Oberbeil, Ernährung für die Schönheit, 1998, S. 39 ff

3.2.11.   Vitamin D

Vitamin D hat Einfluss auf das Zellwachstum und die Ausprägung von Hautzellen.[39] Als soge-
nannter Transkriptionsfaktor aktiviert es in den Genen des Zellkerns Vital- und Ver-
jüngungsimpulse, die uns schön und jung erhalten.

Bindegewebszellen profitieren als erstes von der Sonne und dem daraus synthetisiertes
Vitamin D und das Kollagen blüht auf. Die Dermis sorgt mit der Umsetzung von Sonnen-
energie in genetische Impulse dafür, dass wir fit, nervenstark und letztlich auch glücklich
sind. Das kann nur eine gesunde Kollagenschicht erbringen. Auf diese Weise wird die Haut,
ähnlich wie der Darm, zum Regulator unserer körperlichen und mentalen Gesundheit.[40]

3.2.12.   Vitamin E

Das fettlösliche Vitamin E kann insbesondere in Verbindung mit Vitamin C bei Altersflecken
eine Besserung der Hyperpigmentierung erreichen. Weiters hat es einen positiven Einfluss
auf die Glättung der Hautoberfläche sowie auf die Steigerung des Feuchthaltevermögens der
oberen Hautschicht. Vitamin E wird eine antientzündliche Wirkung zugeschrieben und kann
eine Lipidperoxidbildung durch eine Verminderung des Angriffs Freier Radikale auf
bestimmte Fettsäuren verringern. Außerdem kann es die Strahlungsschäden nach UV-Be-
strahlung reduzieren. In Tabelle 5 ist der durchschnittliche Vitamin-E-Gehalt in einigen
Lebensmitteln bei einem Tagesbedarf von etwa 15 mg angegeben.[41]

100 g verzehrbares Lebensmittel	mg Vitamin E	100 g verzehrbares Lebensmittel	mg Vitamin E
Weizenkeimöl	174	Sonnenblumenkerne	51
Kürbiskerne	30	Traubenkernöl	32
Weizenkeimlinge	25	Haselnüsse und Mandeln	26
Sojaöl	17	Lebertran	20
Lupinenöl	15	Pflanzenmargarine	16
Erdnussöl	10	Erdnüsse	11
Leinöl	6	Halbfettmargarine und Walnüsse	6
Walnussöl	3		

Tabelle 4: Vitamin-E-Gehalt in Lebensmitteln[42]

---

[39] Schmidt/Schmidt, Vitalstoffe braucht jeder – auch Sie, 2015, S. 93
[40] Oberbeil, Ernährung für die Schönheit, 1998, S. 38
[41] www.phytodoc.de/gesund-leben/gesunde-haut-haare/, dl. 21.02.2016
[42] www.phytodoc.de/gesund-leben/gesunde-haut-haare/, dl. 21.02.2016

3.2.13.   Vitamin H (Biotin)

Biotin wird nicht umsonst als „Haut- und Haarvitamin" bezeichnet. Durch seine besondere Rolle im Eiweißstoffwechsel fördert es die ständige Erneuerung und den Gewebeaufbau. Biotin unterstützt auch den Transport von Schwefel in Haut, Haare und Nägel und reguliert die Fettproduktion der Talgdrüsen. Eine besondere Bedeutung hat Biotin für die Festigkeit der Nägel und kann bei Haarausfall helfen. Hülsenfrüchte, Eigelb, Nüsse und Haferflocken sind reich an Vitamin H.[43]

3.2.14.   Eisen

Eisen ist an der Synthese des Struktureiweißes Kollagen beteiligt, welches sich hauptsächlich im Bindegewebe befindet. Damit die Haut straff und jungendlich bleibt ist eine ausreichende Kollagensynthese notwendig.[44] Ein Eisenmangel kann zu Rissen im Mundwinkel, brüchigen Haaren und Fingernägeln führen. Bereits ein leichter Mangel hat unangenehme Auswirkungen: Haarausfall und allgemeines Hautjucken. Da auch zu viel Eisen ungesund ist, sollte man bei entsprechenden Symptomen einen Eisenmangel ärztlich abklären lassen. Falls ja, kann man diesen mit eisenreichen Lebensmitteln reduzieren. Bei pflanzlicher Eisenzufuhr ist zusätzlich Vitamin C erforderlich, um die Resorption zu verbessern.

Der durchschnittliche Tagesbedarf beträgt für Frauen 15 mg, für Männer 10 mg.[45]

100 g verzehrbares Lebensmittel	Enthaltene Eisenmenge in mg	100 g verzehrbares Lebensmittel	Enthaltene Eisenmenge in mg
Bierhefe	18	Eierschwammerl getrocknet, grüner Tee	17
Weizenkleie	16	Schnittlauch, Kakaopulver, schwach entölt	13
Kürbiskerne	13	Kalbsniere	12
Rinderniere	11	Quinoa	8,0 - 10,8
Hirse, Sesam	10	Amaranth	9
Weizenkeime	8,5	Roggenkeime	8,0-9,0
getrocknete **Steinpilze**	8,4	Rinderlunge, **Leinsamen**	8,2
Petersilie, Weizenkeime, Sonnenblumenkerne	8	Schweineniere, **Pistazienkerne**	7,3

---

[43] Axt-Gadermann/Axt, Skinfood – Schlemm dich schön, 2011, S. 183 f
[44] Döll/Weixelbraun, Eisenmangel, 2014, S. 20
[45] www.phytodoc.de/gesund-leben/gesunde-haut-haare/, dl. 21.02.2016

Kichererbsen, Eigelb	7,2	Linsen	6,9
Rinder- und Schweineherz	4,3	Vollkornbrot, Rehfleisch	3
Rinderfilet	2,3	Kalb- und Rindfleisch	2,1

Tabelle 5: Eisengehalt in Lebensmitteln[46]

3.2.15. Selen

Selen ist an vielen Prozessen im Körper beteiligt: Für die Entgiftung des Körpers ist es zuständig, aber auch für viele andere Stoffwechselprozesse ist es notwendig. Zudem fängt es die Freien Radikale im Körper ein. Für die Haut ist Selen sehr wichtig, da es die Bildung von neuer gesunder Haut unterstützt.[47]

Für die Schönheit ist Selen somit ein wichtiges Spurenelement, da es auch eine bedeutende Rolle beim Schutz vor UV-Licht spielt. Sehr viel Selen ist in Sesam und Kokosflocken enthalten, 1 Esslöffel davon deckt den Tagesbedarf an Selen von 1 µg/kg Körpergewicht.

3.2.16. Zink

Zink hat bei der Heilung von Hautkrankheiten eine lange Tradition. Entsprechend wird Zink innerlich und äußerlich zur Wundheilung und bei Hautrötungen eingesetzt. Generell unterstützt Zink die Haut bei ihrer Barrierefunktion gegenüber Krankheitserregern. Man schreibt dem Mineralstoff sogenannte "antimikrobielle" Effekte zu, die auch bei dem sogenannten "seborrhoischen Ekzem" helfen sollen.

Ein Mangel an diesem Spurenelement führt zu einer Verlangsamung des Haarwachstums und einer Verdünnung des Haarschafts. Auch Haarausfall gehört zu diesem Erscheinungsbild. Entsprechend führt die Zufuhr von Zink in solchen Fällen rasch zur Beseitigung der Symptome.

An den Fingernägeln führt Zinkmangel innerhalb von 4 Wochen zu querverlaufenden Rillen, den so genannten Beau-Linien, die von weißen Bändern begleitet sein können. Bleibt der Zinkmangel unbehandelt, kann er im Extremfall zur Ablösung der Nagelplatte vom Nagelbett

---

[46] www.phytodoc.de/gesund-leben/gesunde-haut-haare/, dl. 21.02.2016
[47] http://nebenwirkungen.biz/2015/04/07/selen-laesst-die-haut-wieder-strahlen, dl. 23.02.2016

führen. Sogar bei Herpes simplex und Varizella-zoster-Virusinfektionen, die nicht zuletzt durch ihre Bläschen auffallen, wird das entsprechende Medikament in einer zinkhaltigen Lotion eingesetzt, deren austrocknende Wirkung geschätzt wird.

Der Tagesbedarf beträgt ca. 7 – 10 mg und ist in folgenden Lebensmitteln enthalten:[48]

100 g verzehrbares Lebensmittel	mg Zink	100 g verzehrbares Lebensmittel	mg Zink
Austern	22	Weizenkeimlinge	17
Weizenkleie	9	Kalbsleber	8
Bierhefe, getrocknet	8	Kürbiskerne	7
Leinsamen	6	Edamerkäse	5
Rindfleisch (Schulter)	5	Haferflocken	4

Tabelle 6: Durchschnittlicher Zinkgehalte in Lebensmitteln[49]

3.2.17. Kupfer

Kupfer hat eine wichtige Funktion für die Anregung der Kollagen- und Elastinbildung. Bei einem Mangel kommt es zu einer vorzeitigen Erschlaffung des Bindegewebes sowie zu Pigmentstörungen an Haut und Haaren. Kupfer kommt vor allem in Austern, Haselnüssen, dunkler Schokolade und Hülsenfrüchten vor.[50]

Neben Eisen- und Zinkmangel kann auch **Manganmangel** zu Haarausfall und/oder Haarwachstumsstörungen führen.

Jodmangel kann trockene und rissige Haut zur Folge haben.[51]

3.2.18. Coenzym Q10

Conezym Q 10 kommt in fast allen Geweben vor und ist ein wichtiger Schutzstoff vor Freien Radikalen. So schützt es die Zellen vor Beschädigung und vorzeitigen Alterungsprozessen. Normalerweise wird Coenzym Q10 vom Körper selber in ausreichender Menge gebildet, doch im Alter, bei Fehlernährung und bei der Einnahme von Cholesterinsenkern kann es zu

---

[48] www.phytodoc.de/gesund-leben/gesunde-haut-haare/, dl. 21.02.2016
[49] www.phytodoc.de/gesund-leben/gesunde-haut-haare/, dl. 21.02.2016
[50] Axt-Gadermann/Axt, Skinfood – Schlemm dich schön, 2011, S. 183 f
[51] www.phytodoc.de/gesund-leben/gesunde-haut-haare/, dl. 21.02.2016

einem Mangel kommen. Hülsenfrüchte, Soja, Eier, fette Fische, Fleisch, Mais und Nüsse enthalten Coenzym Q10.[52]

Eine ausgewogene Ernährung ist somit das Um und Auf für schöne Haut. Mangelzustände können durch eine bewusste Auswahl an Lebensmitteln vermieden werden. Bevor man jedoch zur Nahrungsergänzung greift, sollte man besser vom Arzt feststellen lassen, ob ein Mangel besteht. Ansonsten schadet man sich eventuell mehr als es der Gesundheit und dem guten Aussehen nutzt.

3.3.   Erwartungen an Skinfood

Es ist falsch zu behaupten, dass sich alleine durch eine Ernährungsumstellung mit einem Schlag alle Falten und anderen Zeichen der Hautalterung beseitigen lassen. Allerdings ist es so, dass sich die tägliche Ernährung sehr wohl auf den Zustand und das Aussehen der Haut auswirken kann. Auf jeden Fall können mit einem gezielten Ernährungsprogramm nicht nur die Entzündungen der Haut reduziert werden, sondern auch die Widerstandskraft gegen UV-Strahlen kann erhöht werden, trockene Haut wird von innen gepflegt, Faltenbildung wird verzögert und Hautunreinheiten können beseitigt werden. Oftmals ist die Wirkung einer passenden Ernährung sogar der Hautpflege von außen überlegen. Gründe dafür sind:

- Die sich schnell teilenden Hautzellen benötigen unzählige Nährstoffe, um gesund und schön zu bleiben. Über die Nahrung erreichen diese Wirkstoffe jede Hautzelle des Körpers, keine Creme kann das gewährleisten.

- Graue, müde Haut, Pickel, Falten, spröde Haare und brüchige Nägel sind wichtige Indikatoren für Ernährungssünden und Mangelerscheinungen. Keine Pflege von außen kann Ernährungssünden ungeschehen machen.

- Nicht alle Inhaltsstoffe einer Creme können aufgrund der Barrierefunktion der Haut von dieser tatsächlich aufgenommen werden.

---

[52] Axt-Gadermann/Axt, Skinfood – Schlemm dich schön, 2011, S. 186

- Mit der richtigen Ernährung lassen sich Entzündungen und Alterung im gesamten Organismus beeinflussen. Nahrungsmittel, die der Haut gut tun, tun auch dem ganzen Körper gut.[53]

3.4. Öle und Fettsäuren – gut für junges Aussehen?

Wie unter Punkt 3.1.2 erklärt ist die richtige Zusammensetzung der Fettsäuren ein erheblicher Faktor für viele Stoffwechselvorgänge im Körper. Leider ist das Fettsäureverhältnis in unserer Ernährung mittlerweile stark verschoben: Die entzündungsfördernden Omega-6-Fettsäuren nehmen überhand gegenüber den antientzündlichen Omega-3-Fettsäuren. Wichtig ist auch das Verhältnis dieser beiden essentiellen Fettsäuren zueinander. Das oben erwähnte Verhältnis von 5 : 1 wird selten erreicht, meist herrscht ein Verhältnis von 10 : 1 oder sogar 15 : 1 von Omega-6- zu Omega-3-Fettsäuren vor. Folgen sind die bereits erwähnten Entzündungen in der Haut und die Beschleunigung der Hautalterung.[54] Auf die Auswirkungen mehrfach ungesättigter Fettsäuren auf den Stoffwechsel und die Hautalterung wird an dieser Stelle nicht weiter eingegangen.

In Tabelle 1 werden verschiedene Speiseöle mit ihrer Fettsäurezusammensetzung dargestellt.

	Gesättigte Fettsäuren	Einfach ungesättigte Fettsäuren	Mehrfach ungesättigte Fettsäuren	Verhältnis Linolsäure (n-6) : α-Linolensäure (n-3)
Olivenöl	15 %	75 %	10 %	11:1
Rapsöl	8 %	58 %	34 %	2:1
Erdnussöl	19 %	51 %	30 %	34:1
Leinöl	11 %	19 %	70 %	0,3:1
Walnussöl	11 %	17 %	72 %	6:1
Sojaöl	15 %	25 %	60 %	7:1
Maiskeimöl	15 %	27 %	58 %	57:1
Sonnenblumenöl	12 %	23 %	65 %	128:1
Distelöl	9 %	13 %	78 %	155:1
Kürbiskernöl	22 %	24 %	54 %	89:1

Tabelle 7: Fettsäurezusammensetzung ausgewählter Speiseöle[55]

---

[53] Axt-Gadermann/Axt, Skinfood – Schlemm dich schön, 2011, S. 29 ff
[54] Axt-Gadermann/Axt, Skinfood – Schlemm dich schön, 2011, S. 33 f
[55] http://www.springermedizin.at/cms/layout/picture.php?pic=/img/db/pics/36040.jpg, dl. 14.02.2016

Doch die Entzündungsauslöser sind nicht nur in pflanzlichen Ölen enthalten. Vielmehr empfehlen Ernährungsexperten Menschen mit Entzündungen den Verzicht von Schweinefleisch, Innereien, Wurst etc. Diese tierischen Produkte enthalten Arachidonsäure, ebenfalls eine Omega-3-Fettsäure, die Entzündungen fördert.

Wer seine Haut lange jung und faltenfrei halten möchte, sollte daher in seiner Ernährung die entzündungsfördernden gegen entzündungshemmende Fette tauschen. Insbesondere die Beschränkung von Arachidonsäure auf max. 200 mg/Tag lässt die Bildung entzündungsfördernder Stoffe bereits deutlich reduzieren. Eine Erhöhung von ungesättigten Fettsäuren und eine Reduktion gesättigter Fette lässt Haut- und Körperzellen geschmeidiger werden und verbessert die Aufnahmefähigkeit anderer Vitalstoffe und Sauerstoff, was sich auch auf das Hautbild positiv auswirkt.[56]

## 3.5.	*Flüssigkeitszufuhr für die Haut*

Wichtig für den Stoffwechsel der Haut ist ausreichende Flüssigkeit. Über die Haut wird täglich ein halber Liter Wasser ausgeschieden, bei körperlicher Anstrengung auch mehr.[57] Besonders stark reagiert die Haut auf einen Flüssigkeitsmangel, es entstehen Knitterfältchen, trockene Haut und ein Spannkraftverlust.

Für eine schöne Haut sollten mindestens 1,5 bis 2 Liter Flüssigkeit täglich getrunken werden. Geeignete Getränke sind: Wasser (Quellwasser, stilles oder prickelndes Mineralwasser, gutes Leitungswasser), ungezuckerter Tee (vorzugsweise grüner oder schwarzer Tee), aber auch Kräutertees sind gute Flüssigkeitslieferanten. Stark verdünnte Beerensäfte wirken sich positiv auf den Alterungsprozess der Haut aus und versorgen den Körper mit Flüssigkeit.[58]

## 3.6.	*Eiweißmangel lässt die Haut altern*

Menschen, die sich eiweißarm ernähren altern schneller, da Proteine bzw. Aminosäuren wichtige Bestandteile der elastischen und kollagenen Fasern der Haut sind. Diese sind unter

---

[56] Axt-Gadermann/Axt, Skinfood – Schlemm dich schön, 2011, S. 36 ff
[57] http://eatsmarter.de/ernaehrung/news/10-besten-lebensmittel-fuer-schoene-haut, dl. 05.03.2016

anderem notwendig für den Aufbau bzw. die Erneuerung der Körperzellen. Eine ausreichende Eiweißaufnahme zusammen mit den richtigen Fettsäuren und anderen Schutzstoffen, die weiter unten erörtert werden, kann Alterungsprozesse nicht nur stoppen, sondern sogar umkehren und Hautschäden bis zu einem gewissen Grad reparieren.[59]

Aber nicht nur eine ausreichende Aufnahme von Protein ist wesentlich, auch die Eiweißverdauung im Körper spielt eine entscheidende Rolle, damit Aminosäuren dorthin gelangen, wo sie dringend gebraucht werden. Bei vielen Menschen funktioniert die Eiweißverwertung ab dem 35. Lebensjahr nicht mehr optimal, was unter anderem eine Hauptursache für eine schlecht ernährte, ungesunde und unschöne Haut ist.

Oft fehlt es an Magensäure und somit den darin enthaltenen eiweißspaltenden Enzymen. Die Folge ist, dass Nahrungseiweiß ungenügend vorverdaut in den Dünndarm gelangt und wenn dort eventuell auch proteolytische Enzyme der Bauchspeicheldrüse fehlen, wird Eiweiß nicht zu Aminosäuren abgebaut. Unverdautes Eiweiß fault im Darm und es kommt zu Verdauungsstörungen, auch Lebensmittelallergien können so ihren Lauf beginnen. Das schädliche Eiweiß wird nun über die Haut ausgeschieden, da auch die Niere diese Großmoleküle nicht bewältigen kann. Es kommt folglich zu Pickeln, Pusteln und Ekzemen. Die Oberhaut selbst wartet aber vergeblich auf die wichtigen Bausteine – die Zellen welken, die Haut wird schlaff und krank.[60]

Gute Eiweißlieferanten sind Fisch, mageres Fleisch, Nüsse und Hülsenfrüchte.

3.7.   Zucker macht Falten

Durch den Konsum von Zucker kommt es im Körper zu einer Ausschüttung des Hormons Insulin aus der Bauchspeicheldrüse, damit die Glukose in die Zellen transportiert werden kann. Aufgrund des heute vorherrschenden hohen Zuckerkonsums muss ständig Insulin zur Blutzuckersenkung ausgeschüttet werden. Die Folge ist, dass die Glukose Schäden an bestimmten Fasern des Bindegewebes (den kollagenen Fasern) verursacht. Diese Fasern sind

---

[58] Axt-Gadermann/Axt, Skinfood – Schlemm dich schön, 2011, S. 109
[59] Axt-Gadermann/Axt, Skinfood – Schlemm dich schön, 2011, S. 40

jedoch wichtig für eine straffe und elastische Haut. Zusätzlich kann ein chronisch erhöhter Insulinspiegel Entzündungen hervorrufen und ist neben zahlreichen Zivilisationskrankheiten auch für eine vorzeitige Hautalterung zuständig. Somit kommt es durch einen zu hohen Zuckerkonsum zu Falten und die Haut verliert ihr jugendliches Aussehen. Wer sich lange eine jungendliche Haut und eine gute Figur erhalten möchte sollte deshalb sowohl den Blutzucker- als auch den Insulinspiegel möglichst in Schach halten. Eine deutliche Einschränkung des Zuckerkonsums sowie ein Verzicht auf Nahrungsmittel mit hohem glykämischen Index können viele Alterskrankheiten positiv beeinflussen und das Auftreten von Alterserscheinungen verzögern.[61]

In Österreich wurden im Jahr 2014 pro Kopf 36 kg Zucker konsumiert.[62]

3.8. *Obst und Gemüse als Verbündete gegen Freie Radikale*

Wenn es um die Hautalterung geht, summieren sich die Schwächen und Nachlässigkeiten im Lebensstil. Rauchen, regelmäßiges Sonnen oder Solarium, Stress, intensiver Sport und Fehlernährung fördern eine frühzeitige Hautalterung und Faltenbildung. Schuld daran sind die sogenannten „Freien Radikalen".

Entdeckt wurden die Freien Radikalen bereits vor mehr als 50 Jahren an der Universität Nebraska. *„Die Theorie dazu lautet, dass die meisten Veränderungen im Laufe des Alterungsprozesses vor allem durch die Angriffe der aggressiven Teilchen ausgelöst und beschleunigt werden."*[63]

Ist in unserer Haut ein Übermaß an Freien Radikalen vorhanden so kommt es zu vorzeitiger Hautalterung, denn die für die Elastizität der Haut verantwortlichen Fasern werden durch Freie Radikale geschädigt. Die Fasern im Bindegewebe reißen und die Haut wird schlaff und

---

[60] Oberbeil, Ernährung für die Schönheit, 1998, S. 25 f
[61] Axt-Gadermann/Axt, Skinfood – Schlemm dich schön, 2011, S. 66 ff
[62] de.statista.com/statistik/daten/studie/287859/umfrage/pro-kopf-konsum-von-zucker-in-oesterreich, dl. 19.02.2016
[63] Axt-Gadermann/Axt, Skinfood – Schlemm dich schön, 2011, S. 48

faltig. Außerdem sind die Freien Radikale auch an den Entzündungen in der Haut (und im gesamten Organismus) beteiligt.[64]

Antioxidantien sind wichtige Gegenspieler der Freien Radikalen, indem sie diese abfangen. Sie hemmen dadurch schädliche Prozesse an der Zelle. Damit dieser Schutzprozess optimal funktioniert ist das Vorhandensein der **Spurenelemente Selen, Kupfer, Mangan, Zink** und **Eisen** erforderlich. Weiters benötigt der Körper dazu die **Vitamine C und E** sowie sekundäre Pflanzenstoffe, wie z. B. die Gruppe der **Carotinoide** und **Flavonoide**.[65]

Diese „Radikalenfänger" besser bekannt auch unter „Antioxidantien" finden wir folglich in größeren Mengen in Obst, Gemüse, Salat, Fruchtsäften und Tees. Allerdings unterscheiden sich diese Nahrungsmittel in ihrer Schutzwirkung ganz erheblich. Man nennt dies auch das „antioxidative Potenzial" der einzelnen Obst- und Gemüsesorten, welches mittels ORAC-Test (oxygen radical absorbance capacity) gemessen wird. Je höher der ermittelte Wert ist, umso besser ist die Schutzwirkung dieses Nahrungsmittels vor Angriffen der Freien Radikalen.
Eine hohe Schutzkapazität haben vor allem dunkle Beeren(säfte), Rotwein und grüner sowie schwarzer Tee. Vergleicht man beispielsweise ein Glas Apfelsaft mit einem Glas Holundersaft, so entspricht dies einem Verhältnis von 1 : 55 im Bereich des Schutzpotenzials.

Beim Vergleich von Obst und Gemüse ergeben sich folgende Verhältnismäßigkeiten:
100 g Spinat = 200 g Orangen = 240 g Rucola = 300 g Kirschen = 650 g Salat = 1900 g Gurken[66]

Lebensmittel mit hohen ORAC-Werten (Angaben in Klammern, bezogen auf jeweils 100 g) sind unter anderem: Himbeeren (4.882), Schwarze Johannisbeeren (5.347), Bio-Kaffee (8.812), Walnüsse (13.057), Holunderbeeren (14.697), Dunkle Schokolade (49.926), Gemahlener Ingwer (39.041), Traubenkernmehl (100.000), Grüntee – Matcha (157.300), Gemahlene Nelken (290.283).[67]

---

[64] Axt-Gadermann/Axt, Skinfood – Schlemm dich schön, 2011, S. 47 ff
[65] Gemassmer, Mikronährstoffe, 2013, S 66 f
[66] Axt-Gadermann/Axt, Skinfood – Schlemm dich schön, 2011, S. 50 f
[67] www.orac-info-portal.de, dl. 20.02.2016

4.   Das (Ernährungs)programm für schöne Haut

„Aufgrund der derzeit vorliegenden wissenschaftlichen Studien lässt sich vermuten, dass sich mit Lebensstilfaktoren wie Ernährung, Bewegung, Entspannung oder ausreichender Schlafdauer positive Effekte auf Aussehen und Attraktivität erzielen lassen. Rauchen, Stress, Übergewicht und ein ungesundes Ernährungsverhalten hingegen auf Dauer gegenteilige Auswirkungen haben."[68] Dieses Zitat möchte ich als Basis für dieses Kapitel heranziehen.

4.1.   *Lebensmittel für schöne Haut*

Wie oben angeführt wirken sich die Mikro- und Makronährstoffe unterschiedlich auf unser Äußeres aus. Manche Lebensmittel sind aufgrund ihrer Inhaltsstoffe besonders wertvoll für das Erscheinungsbild der Haut bzw. haben einen positiven Einfluss auf den Alterungsprozess. Auch einige Gewürze leisten ihren Beitrag dafür. Nachstehend habe ich eine Auswahl an Lebensmitteln angeführt und einen Überblick über die wichtigsten Gewürze in diesem Zusammenhang dargestellt.

4.1.1.   Karotten

Ein hoher Gehalt an Vitamin A sorgt für eine reibungslose Funktion von Haut und Schleimhäuten. Wichtigste Vorläufersubstanz ist das Betacarotin, das in zahlreichen Pflanzen vorkommt, besonders viel kommt davon in Karotten vor. Da Betacarotin fettlöslich ist, sollte man dazu immer etwas Öl essen, damit die wertvollen Inhaltsstoffe vom Körper aufgenommen werden können.[69]

Karotten sorgen zudem für einen frischen rosigen bis hellgelben Teint, weil sich die Karotinoide in hoher Konzentration in der Haut ablagern. Der regelmäßige Verzehr von Karotten liefert auch einen Sonnenschutzfaktor von in etwa 4 und bietet damit einen Grundschutz für jeden Tag.[70]

---

[68] Axt-Gadermann/Firsching, Attraktivität als Motivationsfaktor f. gesundheitsförderliches Verhalten, 2012, S. 1
[69] http://eatsmarter.de/ernaehrung/news/10-besten-lebensmittel-fuer-schoene-haut, dl. 05.03.2016
[70] http://www.welt.de/gesundheit/article106500693/Diese-Lebensmittel-treiben-der-Haut-die-Falten-aus.html, dl. 05.03.2016

4.1.2.   Pflanzenöle

Um einen positiven Effekt für das Erscheinungsbild der Haut zu erzielen sollte zum Kochen Rapsöl verwendet werden und für die kalte Küche pflanzliche Öle wie Hanföl, Leinöl, Olivenöl, Sojaöl und Walnussöl. Die Zusammensetzung der Fettsäuren in diesen Ölen sowie der Gehalt an Vitamin E wirken sich verbessernd auf den Alterungsprozess aus.[71]

4.1.3.   Walnuss

Walnüsse und auch andere Nüsse enthalten eine ideale Kombination aus Kalzium, Kalium, Magnesium, Zink und Eisen, sowie das Zellschutzvitamin E. Besonders wichtig ist die Pantothensäure – sie sorgt für eine glatte Haut.[72] Zudem liefern Nüsse hochwertige Omega-3-Fettsäuren.

4.1.4.   Tomaten

Sonnengereifte Tomaten enthalten den roten Pflanzenfarbstoff Lycopin, der das Krebsrisiko senken kann, Herz und Kreislauf stärkt und die Haut beim Schutz vor der Sonne unterstützt. Tomaten enthalten viele Mineralstoffe, Vitamine, Fruchtsäuren und bestehen zu 93 Prozent aus Wasser. Besonders reich ist die Tomate neben sekundären Pflanzenstoffen an den Vitaminen C und E, außerdem enthält sie Folsäure, Selen, Kalium und Magnesium. Das Lycopin in den Tomaten verstärkt sich, wenn die Tomaten vor dem Verzehr erhitzt wurden, das haben US- Forscher schon vor Jahren festgestellt. Der Grund dafür ist, dass das hitzebeständige Lycopin sich erst bei höheren Temperaturen voll entfaltet und so vom Körper besser aufgenommen wird. Der Effekt geht auch bei Dosentomaten nicht verloren, die reif geerntet sofort verarbeitet wurden. Andererseits gehen durch den Kochprozess hitzeempfindliche Inhaltsstoffe der Tomaten weitgehend verloren.[73]

In einer Untersuchung von Stahl und Krautmann mussten neun Probanden täglich 40 g erhitztes Tomatenmark mit etwas Olivenöl essen, das sind ca. 16 mg Lycopin. Die Kontrollgruppe (n=10) verzehrte lediglich Olivenöl. In der Verumgruppe kam es zu einem

---

[71] Budnowski/Koller/Kreuter/Matal, Das Frauen-Ernährungsbuch, 2014, S. 185
[72] http://eatsmarter.de/ernaehrung/news/10-besten-lebensmittel-fuer-schoene-haut, dl. 05.03.2016
[73] Dell, Antiaging mit Antioxidantien, 2006, S. 91

deutlichen Anstieg der Lycopinkonzentration im Serum und in der Haut. Nach nur 10 Wochen war die Intensität des UV-bedingten Erythems in der Gruppe mit den Tomatenprodukten um 40 % geringer als in der Kontrollgruppe.[74]

Lycopin kommt auch in Wassermelonen, Hagebutten und Marillen vor.

4.1.5.   Kren

Kren enthält Senföle, die die Durchblutung der Haut fördern und praktisch von innen desinfizierend wirken. Es wird auch als natürliches Antibiotikum verwendet. Kren sollte am besten frisch gerieben gegessen werden.

4.1.6.   Dinkel

Der hohe Anteil an Kieselsäure im Dinkel ist gut für Haut und Haare. Außerdem enthält Dinkel mehr Vitamine und Mineralstoffe als manch anderes Getreide. Wichtig ist, dass Dinkel und auch andere Getreidesorten als Vollkorn gegessen werden, da die mitgelieferten Ballaststoffe für eine gute Verdauung sorgen, welche eine Voraussetzung für schöne Haut ist.

4.1.7.   Buttermilch

Milch und Milchprodukte wie Buttermilch, aber auch Jogurt und Sauermilch sind generell gut für die Haut. Dafür sorgt unter anderem ein hoher Anteil an Kalzium und Vitamin B_{12} sowie Proteinen, das gut sättigt. Buttermilch ist dabei besonders fettarm.[75]

4.1.8.   Beeren

Beeren haben durch ihre Antioxidantien eine hohe Schutzwirkung gegen Freie Radikale. Dabei gilt: je dunkler desto besser, also bevorzugt Heidelbeeren, Holunderbeeren, schwarze Johannisbeeren essen. Diese Beeren haben die höchsten Antioxidantienwerte unter allen

---

[74] Axt-Gadermann, Attraktivität als Motivationsfaktor f. gesundheitsförderliches Verhalten, 2012, S. 18
[75] http://eatsmarter.de/ernaehrung/news/10-besten-lebensmittel-fuer-schoene-haut, dl. 05.03.2016

Beeren. Zusätzlich deckt schon eine kleine Menge Beeren den Tagesbedarf an Vitamin C zur Verbesserung der Hautelastizität.

4.1.9. Grüne Gemüsesorten

Große Schutzwirkung hat beispielsweise auch Spinat: 100 Gramm Spinat beinhaltet das Schutzpotenzial von 240 Gramm Rucola und 1900 Gramm Salatgurken. Auch Brokkoli ist ein „Wundermittel mit fast medizinischer Wirkung", ebenso wie viele andere grüne Gemüse- sorten, die dank ihres hohen Vitamin-B-Gehalts kleine Entzündungen lindern und damit ebenfalls für einen frischen Teint und gesunde Haut sorgen.[76]

4.1.10. Kakao

Eines im Kakao enthaltene Flavonoid heißt Epicatechin, welches bereits wenige Stunden nach der Konsumation die Mikrozirkulation in den Gefäßen anregt. Der Blutfluss im feinver- zweigten Geflecht aus Gefäßen, das die Haut mit Sauerstoff und Nährstoffen versorgt und Schadstoffe abtransportiert wird verbessert. Kakao kann laut einer Studie dazu beitragen, dass sich die Haut weniger schuppig und rau anfüllt. Auf die Falten hat der Kakaogenuss allerdings keine Auswirkung.

4.1.11. Soja

Der Verzehr von Sojaprodukten scheint sich aufgrund der entzündungshemmenden Inhalts- stoffe positiv auf die Haut auszuwirken. Aber auch die Haare profitieren von einem regel- mäßigen Sojakonsum, da die Pflanzenstoffe in Soja die Haare gesünder und stärker aussehen lassen. Die Nägel wirken ebenso glatter und sind weniger brüchig.[77]

4.1.12. Probiotika

Probiotika sind Organismen, die in einem gesunden Magen-Darm-Trakt vorkommen. Sie können große Auswirkungen auf unsere Gesundheit haben, insbesondere die beiden

---

[76] http://www.welt.de/gesundheit/article106500693/Diese-Lebensmittel-treiben-der-Haut-die-Falten-aus.html, dl. 06.03.2016
[77] Harf/Witte, Wenn Schönheit von innen kommt, in GEOkompakt, Nr. 42/2015, S. 118-121

Bakterien Lactobacillus und Bifidobacterium haben sich äußerst vorteilhaft für die Gesundheit erwiesen.

Probiotika können Falten vorbeugen und einen leuchtenden Teint begünstigen, indem sie die Toxine und Freien Radikale bekämpfen, welche die Haut schädigen und frühe Anzeichen von Faltenbildung und Erschlaffung verursachen können. Auch durch die Verbesserung der Verdauung, wenn ausreichend Probiotika im Darm vorhanden sind, werden die Nährstoffe besser resorbiert, was letztendlich zu besserer (Haut-)Gesundheit führt.[78]

4.1.13. Gelbwurz (Curcuma)

Curcuma gibt Currymischungen die gelbe Farbe und in Indien werden damit zahlreiche Gerichte gewürzt. Besonders interessant ist die stark entzündungshemmende Eigenschaft von Curcuma. Einige Inhaltsstoffe von Curcuma blockieren die Bildung von Entzündungsstoffen und bieten einen hervorragenden Schutz vor Freien Radikalen und Zellschäden. Ein halber Teelöffel pro Tag zum Würzen von Speisen oder die Einnahme von Curcuma in Kapselform wird empfohlen.[79]

4.1.14. Zimt

Zimt ist dafür bekannt, dass es einen erhöhten Blutzuckerspiegel positiv beeinflussen kann. Ein zu hoher Blutzuckerspiegel fördert bekanntlich Entzündungen im Körper und beschleunigt somit die Alterungsprozesse. Nicht nur für Diabetiker ist Zimt somit ein hilfreiches Gewürz, sondern auch „Gesunde" können damit ihren Blutzuckerspiegel im Gleichgewicht halten. Zusätzlich schützt es vor Freien Radikalen. Ein halber Teelöffel Zimt pro Tag wird empfohlen.

4.1.15. Ingwer

Ingwer zählt zu den Anti-Entzündungs-Gewürzen, die Inhaltsstoffe können verhindern, dass Arachidonsäure in stark entzündungsfördernde Botenstoffe umgewandelt werden. Auch

---

[78] Geary/Ebeling, Die Top 101 Lebensmittel, die das Altern bekämpfen, S. 63 ff
[79] Axt-Gadermann/Axt, Skinfood – Schlemm dich schön, 2011, S. 54 f

Freie Radikale kann Ingwer gut abfangen. Ingwer sollte täglich als Tee oder als Gewürz für Speisen verwendet werden. Es gibt auch Ingwerpulver und Ingwerkapseln.[80]

4.1.16.   Grüner Tee

Grüner Tee ist ein hervorragender Radikalenfänger und hat eine entzündungshemmende Wirkung. Der regelmäßige Grünteegenuss kann vor Hautalterung und auch vor Hautkrebs schützen. Die im grünen Tee enthaltenen Polyphenole können Freie Radikale unschädlich machen. Beim schwarzen Tee gehen diese wertvollen Inhaltsstoffe durch das Fermentieren nach der Ernte leider Großteils verloren.

Beide Teesorten (grün und schwarz) sollten, damit sich die positiven Wirkstoffe am besten entfalten können, ohne Milch getrunken werden. Je länger die Aufgusszeit, desto mehr Tee-Polyphenole gehen in das Teewasser über: nach fünf Minuten sind es bereits 84 %, nach zehn Minuten sind mehr als 95 % der Wirkstoffe extrahiert.

Für vorbeugende Maßnahme gegen Hautalterung und Entzündungen reichen täglich 4 Tassen (0,4 Liter) kräftigen Grüntees.[81]

Eine besondere Grünteesorte stellt Matchatee dar. Hier wird gemahlenes Grünteepulver angerührt und dann mit ca. 80 Grad heißem Wasser aufgegossen. Matcha beinhaltet etwa 137-mal mehr des Antioxidants und Haupt-Catechins EGCG[82] als sonstiger grüner Tee und besitzt eine der höchsten ORAC-Werte überhaupt. Außerdem liefert er für die Haut sehr wertvolles Vitamin A.[83]

4.2.   Was hilft oder schadet der Haut sonst noch

Gesunde Haut braucht eine gute Versorgung von innen. Ohne Vitamine, Spurenelemente und Eiweiße sind Darm und Immunsystem machtlos, um ihre Aufgaben für die Haut perfekt zu erfüllen. Hautzellforscher haben herausgefunden, dass sich bereits 65 Minuten nach

---

[80] Axt-Gadermann/Axt, Skinfood – Schlemm dich schön, 2011, S. 56
[81] Axt-Gadermann/Axt, Skinfood – Schlemm dich schön, 2011, S. 58 f
[82] = Epigallocatechin-3-Gallate, ein Polyphenol

einem gesunden Essen in den Haut- und Bindegewebszellen neue Zellen bilden und es somit, bei insgesamt gesunder Ernährung, zu enormen Verjüngungsprozessen kommt. Bei Fehlernährung oder bereits bei nur teilweise ungesunder Kost wird unsere Haut schnell unansehnlich, schlecht durchblutet, dünn, fahl und welk.

Wichtig sind jedoch auch Phasen **stressfreier Ruhe**. Leider haben wir es verlernt, uns aktiv zu entspannen. Aber gerade in solchen Ruhephasen erholt sich auch die Haut. Außerdem entgleist durch die Produktion von zu vielen Stresshormonen der Hautstoffwechsel, die Zellteilung gerät aus der Balance. Die Folge sind Hauterscheinungen wie Risse, Rötungen, Juckreiz, Schuppenbildung, Entzündungen, Pickel etc. Wer bei Aufregung und Stress mit Hautsymptomen reagiert, sollte daher mit Entspannungstechniken lernen, innerlich zur Ruhe zu kommen.[84]

Was ist dran am Mythos **Schönheitsschlaf**? Experten sind sich nicht sicher. Allerdings ist bewiesen, dass im Schlaf ein Wachstumshormon ausgeschüttet wird, das dafür sorgt, dass sich unsere Haut regenerieren kann. Wenn wir zu wenig schlafen oder die Tiefschlafphase gestört ist, die für die Ausschüttung des Hormons am wichtigsten ist, macht sich das bemerkbar: Die Haut wird dünner, es kommt zur Faltenbildung. Empfohlen wird eine durchschnittliche Schlafdauer von 7 bis 8 Stunden täglich, wobei es individuelle Abweichungen nach oben und unten geben kann.[85]

Strenge Diäten schaden der Haut ebenfalls, da es dabei zu einem Mangel an wichtigen Biostoffen, wie den Vitaminen A und B, Eisen und Zink kommen kann. Ein kurzfristiger Fettabbau hat oftmals schlaffe, welke Haut zur Folge. Anfangs verbraucht der Körper seine Glukosereserven, später holt er sich Eiweiß aus dem Gewebe, um diese zu Glukose umzuformen. Hauptspeicher für Eiweißbausteine sind Muskeln aber auch Bindegewebe (ca. 25 % der Eiweißreserven). Jeder Diättag schwächt daher das über der Hautfettschicht sitzende

---

[83] http://www.gruenertee.de/matcha/, dl. 05.03.2016
[84] Oberbeil, Ernährung für die Schönheit, 1998, S. 109 ff
[85] http://www.welt.de/wissenschaft/article2194274/Den-Schoenheitsschlaf-gibt-es-tatsaechlich.html, dl. 06.03.2016

Kollagen. Letztendlich bleibt eine dünne Runzelhaut über einer weitgehend unangetasteten Fettschicht über.[86]

Rauchen führt bei vielen Menschen zu einer vorzeitigen Hautalterung. Insbesondere das Gesicht wirkt schnell gelblich-grau und trocken, auch Falten treten vermehrt auf. So kommt es, dass starke Raucher schon in relativ jungen Jahren mitunter zehn Jahre älter aussehen, als sie tatsächlich sind. Verantwortlich für diesen Effekt ist insbesondere der Abbau von Kollagenfasern in der Haut, der durch das Nikotin gefördert wird. Das im Rauch der Zigarette enthaltene Kohlenmonoxid verschlechtert außerdem die Durchblutung der Haut. Die Effekte spiegeln sich nicht nur in einer sichtbaren Alterung wider, sondern zum Beispiel auch in einer schlechteren Wundheilung.[87]

Doch auch wer sich regelmäßig exzessiv der **Sonne** aussetzt oder ins Solarium geht, muss zehn Jahre später mit weniger attraktiven Falten und Pigmentflecken rechnen. Genauso wie beim Rauchen sind auch hier Freie Radikale besonders aktiv. Laut einer japanischen Studie altert jemand, der sich täglich mehr als zwei Stunden der Sonne aussetzt und gleichzeitig stark raucht, deutlich schneller. Das Risiko für Faltenbildung ist 11,4-mal höher als bei Nicht-rauchern, die sich nur selten in der Sonne aufhalten.[88] Zusätzlich kann es zu Schäden an DNA und Proteinen kommen. Auch der Zusammenhang mit einer schnelleren Hautalterung und Hautkrebs als Spätfolge sind inzwischen gut belegt.[89]

Dass ausdauernder und übermäßiger **Alkoholkonsum** keine positiven Auswirkungen auf den gesamten Organismus hat, sollte allgemein bekannt sein. Doch speziell an der Haut erkennt man im Laufe der Zeit: Alkohol lässt die Haut merklich altern. Einerseits entzieht er den Zellen Wasser, somit auch den Hautzellen, und andererseits wird durch die Schädigung des Verdauungstraktes durch Alkohol die Nährstoffaufnahme im Darm herabgesetzt, was insbesondere bei Alkoholikern zu verstärkten gesundheitlichen Problemen führen kann. Durch

---

[86] Oberbeil, Ernährung für die Schönheit, 1998, S. 63
[87] http://www.t-online.de/ratgeber/lifestyle/beauty/id_55964412/wie-sehr-das-rauchen-ihrer-haut-schadet.html, dl. 06.03.2016
[88] Oberbeil, Ernährung für die Schönheit, 1998, S. 47
[89] Axt-Gadermann/Firsching, Attraktivität als Motivationsfaktor für gesundheitsförderliches Verhalten, 2012, S. 18

den entstandenen Vitaminmangel leidet auch die Haut: sie wird deutlich rissiger, es entstehen mehr Schuppen und auch Wunden heilen nur sehr langsam. [90]

Weiters kommt es zu einer langsameren Zellregeneration durch Alkoholkonsum. Alkohol schwemmt den Körper auf und lässt das Gesicht aufgedunsen und schlaff wirken.

Durch Alkoholgenuss entstehen auch unschöne Hautrötungen, insbesondere im Gesicht, die bei regelmäßigem Alkoholkonsum dauerhaft erhalten bleiben. Diese Erscheinung wird umgangssprachlich als „Schnapsnase" bezeichnet. [91]

Man sollte also unbedingt regelmäßigen oder überhöhten Alkoholkonsum vermeiden, wenn man nicht schon frühzeitig sehr alt aussehen möchte.

Bewegung hat neben vielen positiven Eigenschaften für den gesamten Stoffwechsel auch sehr positive Auswirkungen auf die Haut. Laufen, Radfahren, Schwimmen – durch körperliche Bewegung wird die Durchblutung angeregt, der Stoffwechsel aktiviert, Fett verbrannt und die Produktion von Hormonen angekurbelt, die neben anderen wichtigen Funktionen auch für jugendliches Aussehen verantwortlich sind. [92]

Sport und Bewegung halten nicht nur Körper und Kreislauf fit, sondern auch die Verdauung. Die Ausscheidung von Schadstoffen und Giften wird unterstützt und belastet die Haut nicht zusätzlich. Optimal ist die körperliche Betätigung an der frischen Luft mit Sonne, beides Faktoren, die den Körper zusätzlich stärken und das Immunsystem unterstützen. [93]

Ebenfalls nicht unerwähnt bleiben soll die **Pflege der Haut** von außen mit Körperpflegeprodukten. Man sollte bei der Auswahl an Kosmetika im besten Fall zu hochwertiger Naturkosmetik greifen anstelle von aggressiven Pflegeprodukten, die der Haut langfristig mehr schaden als helfen. Zu viele oder nicht an die Bedürfnisse der Haut angepasste Pflegeprodukte sind kontraproduktiv, hier ist weniger oft mehr. Auch kann das eine oder andere

---

[90] http://www.perfekte-haut.com/auswirkungen-von-alkohol-auf-haut/, dl. 20.03.2016
[91] http://www.mydoc.de/schoenheit/haut/schoenheitsraeuber-alkohol-1765, dl. 20.03.2016
[92] http://www.dr-barbara-hendel.de/ganzheitliche-medizin/gesundheitsvorsorge/die-10-gebote-des-jungbleibens/, dl. 20.03.2016
[93] http://www.smarticular.net/natuerlich-gesunde-und-schoene-haut-ganz-ohne-teuren-firlefanz/, dl. 20.03.2016

Pflegeprodukt durch etwa ein hochwertiges Öl aus der Küche, z. B. natives Olivenöl, Arganöl oder natives Kokosöl, ersetzt werden.

5.   Resümee

Zusammenfassend kann nun festgehalten werden, dass die Auswahl der „richtigen" Lebensmittel sehr wohl einen Einfluss auf unser größtes Organ, die Haut, hat. Da im Laufe der Jahre die Zellversorgung aufgrund des natürlichen Alterungsprozesses ohnehin schlechter wird, ist es umso wichtiger vermehrt Nährstoffe aufzunehmen, damit Hautalterung und Faltenbildung nicht noch schneller voranschreiten.

Das Basisprogramm für schöne Haut lautet daher:

Die richtigen Fette essen:
Omega-3-Fettsäuren sollte der Vorzug gegenüber Omega-6-Fettsäuren und insbesondere den Transfetten gegeben werden.

„Langsame" Zucker bevorzugen:
Auf dem Speiseplan sollten vor allem Nahrungsmittel mit einem glykämischen Index von maximal 60 stehen.

Auf die optimale Eiweißzufuhr achten:
Pro Kilogramm Körpergewicht sollte täglich etwa ein Gramm Eiweiß konsumiert werden, aufgeteilt in tierisches und pflanzliches Eiweiß mit Betonung auf dem Pflanzeneiweiß.

Vorsicht bei Arachidonsäure:
Die maximale Obergrenze sollte bei 200 mg Arachidonsäure täglich liegen.

Erhöhung des „Schutzschildes":
Lebensmittel mit einem hohen Anteil an Schutzstoffen gegen Freie Radikale, vor allem also Obst (dunkle Beeren) und Gemüse (Tomaten, Karotten) sollten täglich auf dem Speiseplan stehen.

Ausreichend trinken:

Täglich sollten mindestens 1,5 l Wasser, ungesüßte grüne und schwarze Tees, verdünnte Beerensäfte etc. getrunken werden.

Statt viel Geld für teure Cremes und Anti-Aging-Produkte auszugeben ist es besser, seine Ernährungsgewohnheiten genau unter die Lupe zu nehmen und nötigenfalls umzustellen, um das jugendliche Aussehen möglichst lange zu erhalten. Auch der persönliche Lebensstil sollte in Hinblick darauf kritisch betrachtet werden!

„Ernährung hält jung und gesund oder macht alt und krank!" – Wir haben die Wahl.

6.   Literaturnachweis

Bücher:

AXT-GADERMANN, Michaela / AXT, Peter:
SkinFood – Schlemm dich schön!: - Herbig Verlagsbuchhandel GmbH, München, 2006

BUDNOWSKI, Agnes / KOLLER, Flora / KREUTER, Martina / MATAL, Monika:
Das Frauen-Ernährungsbuch: - Wilhelm Maudrich Verlag, Wien, 2014

CAMPBELL, T. Colin / CAMPBELL, Thomas M.:
China Study: - Verlag Systemische Medizin AG, Bad Kötzting, 3. Auflage, 2015

DÖLL, Michaela:
Antiaging mit Antioxidantien: - Herbig Verlagsbuchhandel GmbH, München, 2006

DÖLL, Michaela / WEICHSELBRAUN, Margit:
Eisenmangel: - Verlagshaus der Ärzte, Wien, 2014

OBERBEIL, Klaus:
Ernährung für die Schönheit: - Südwest Verlag GmbH, München, 1998

SCHMIDT, Edmund / SCHMIDT, Natalie:
Vitalstoffe braucht jeder – auch Sie: - Schirner Verlag, Darmstadt, 2015

Skriptum „Nährstoffkunde – Makronährstoffe – Verdauungsweg/Stoffwechsel“: - Verlag Vitalakademie, 2013

Skriptum *„Mikronährstoffe“:* - Verlag Vitalakademie, 2013

Fachzeitschriften:

AXT-GADERMANN, Michaela:
Attraktivität als Motivationsfaktor für gesundheitsförderliches Verhalten.
In: Prävention und Gesundheitsförderung (02/2012) Vol. 7, Issue 1, S. 18-23

BOTTA DIENER, Marianne:
Gutes Essen ist die beste Kosmetik.
In: 50 PLUS BEOBACHTER KOMPAKT 19 (2008). S. 7

HARF, Rainer / WITTE, Sebastian:
Wenn Schönheit von innen kommt.
In: GEOkompakt (2015) Nr. 42, S. 118-121

MARINI, Alessandra:
Schönheit von innen. Funktioniert das wirklich?
In: Der Hautarzt 2011, S. 614-617

Internet:

AUST, M.: *Auswirkungen von Alkohol auf die Haut.* Online im Internet: URL:
http://www.perfekte-haut.com/auswirkungen-von-alkohol-auf-haut/, Stand: 20.03.2016

COUMONT, A: *Zucker gefährdet die Gesundheit: Die bittere Wahrheit – Warum zu viel Zucker für uns zum Problem wird.* Online im Internet: URL: http://www.evidero.de/zucker-schadet-der-gesundheit?ct=t%28Zucker+beschleunigt+die+Alterung+in+den+Zellen%29, Stand: 16.03.2016

FLEMMER, A.: *Schönheitspflege von innen. Vitamine und Mineralstoffe für makellose Haut.* Online im Internet: URL: http://www.phytodoc.de/gesund-leben/gesunde-haut-haare/, Stand: 20.02.2016

FUX, C.: *Haut – Aufbau und Funktion.* Online im Internet: URL: http://www.netdoktor.de/Gesund-Leben/Anatomie/Haut-Aufbau-und-Funktion-3531.html, Stand: 06.11.2015

GEARY, Mike / EBELING, Catherine: *Die Top 100 Lebensmittel, die das Altern bekämpfen.* Online im Internet: URL: http://www.flacherbauch.com/dwlANTI1417az/101ANTIAGINGLebensmittel0815.pdf, Stand: 20.03.2016

HENDEL, B.: *Die zehn Gebote des Jungbleibens.* Online im Internet: URL: http://www.dr-barbara-hendel.de/ganzheitliche-medizin/gesundheitsvorsorge/die-10-gebote-des-jungbleibens/, Stand: 20.03.2016

LUDWIG, C.: *Natürlich gesunde und schöne Haut – ganz ohne teuren Firlefanz.* Online im Internet: URL: http://www.smarticular.net/natuerlich-gesunde-und-schoene-haut-ganz-ohne-teuren-firlefanz/, Stand: 20.03.2016

MALETZKE, K.: *Hautalterung. Was mit unserer Haut passiert.* Online im Internet: URL: http://www.yaacool-beauty.de/index.php?article=252, Stand 14.11.2015

REINHARD, A.: *Beauty-Food – Schönheit von innen.* Online im Internet: URL: http://www.behrs.de/media/catalog/product/7/4/744_leseprobe.pdf, Stand: 05.03.2016

SCHMEIS, B.: *Diese Lebensmittel treiben der Haut die Falten aus.* Online im Internet: URL: http://www.welt.de/gesundheit/article106500693/Diese-Lebensmittel-treiben-der-Haut-die-Falten-aus.html, Stand: 05.03.2016

SCHWEIKART, J.: *Matcha Tee.* Online im Internet: URL: http://www.gruenertee.de/matcha/, Stand: 05.03.2016

Internetseiten ohne Autor-Angabe:

de.statista.com/statistik/daten/studie/287859/umfrage/pro-kopf-konsum-von-zucker-in-oesterreich, Stand: 19.02.2016

https://de.wikipedia.org/wiki/Haar, Stand: 06.11.2015

http://eatsmarter.de/ernaehrung/news/10-besten-lebensmittel-fuer-schoene-haut, Stand: 05.03.2016

http://www.enzyklo.de/Begriff/Arachidons%C3%A4ure, Stand: 14.11.2015

http://flexikon.doccheck.com/de/, Stand: 06.11.2015

http://www.medizinfo.de/hautundhaar/nagel/nagelaufbau.htm, Stand 06.11.2015

http://www.medizinfo.de/wundmanagement/haut.htm, Stand: 06.11.2015

http://nebenwirkungen.biz/2015/04/07/selen-laesst-die-haut-wieder-strahlen, Stand: 23.02.2016

whttp://www.orac-info-portal.de, Stand: 20.02.2016

http://www.springermedizin.at/cms/layout/picture.php?pic=/img/db/pics/36040.jpg, Stand: 14.02.2016

http://www.t-online.de/ratgeber/lifestyle/beauty/id_55964412/wie-sehr-das-rauchen-ihrer-haut-schadet.html, Stand: 06.03.2016

http://www.welt.de/wissenschaft/article2194274/Den-Schoenheitsschlaf-gibt-es-tatsaechlich.html, Stand: 06.03.2016

7. Abbildungsverzeichnis

8. Tabellenverzeichnis